LA BATALLA POR EL PARAÍSO

PUERTO RICO Y EL CAPITALISMO DEL DESASTRE

Por Naomi Klein

Traducción de Teresa Córdova Rodríguez

Haymarket Books
Chicago, Illinois

363. 3492
KLE

© 2018 Naomi Klein

Originalmente publicado por *The Intercept*, theintercept.com

Publicado por Haymarket Books, 2018.

Haymarket Books

P.O. Box 180165

Chicago, IL 60618

773-583-7884

www.haymarketbooks.org

ISBN: 978-1-60846-358-9

Impreso en Canadá con mano de obra sindical.

Información de catalogación de la Biblioteca del Congreso disponible.

10 9 8 7 6 5 4 3 2 1

ÍNDICE

PREFACIO

A semanas del paso del huracán María por Puerto Rico, lxs miembrxs de PAReS —un colectivo de profesorxs creado en defensa de la educación pública como un bien común a inicios de la huelga estudiantil de la Universidad de Puerto Rico en 2017— se reunieron para discutir cómo enfrentar de forma solidaria la devastación del país y de la universidad, así como el recrudecimiento de las políticas neoliberales que ya se avecinaban.

Sabíamos que el verdadero desastre no era el huracán, sino la terrible vulnerabilidad en la que nos han dejado las décadas de relación colonial con Estados Unidos, la imposición de políticas de privatización de la salud y otros servicios, los despidos masivos, el cierre de escuelas, los recortes en derechos sociales y en inversión para el bienestar colectivo, el abandono de la infraestructura física y social y los altos niveles de corrupción e ineptitud gubernamental. La imposición de una Junta de Control Fiscal para pagarles a los bonistas una deuda de $73 mil millones –que a todas luces es impagable, ilegal e ilegítima– mediante la privatización de la electricidad y las escuelas, el aumento en los costos de servicios básicos, los recortes masivos a la educación pública, a las pensiones, a los días de vacaciones, y a otros derechos, incrementaba esta vulnerabilidad, dejando a la gran mayoría de la gente en Puerto Rico sin un futuro esperanzador; y todo esto fue antes de que el huracán María llegara a nuestras costas.

En PAReS decidimos hacer una serie de foros sobre los desastres con el fin de generar debates públicos y pensar formas colectivas de resistencia y de crear alternativas a estos desastres. Invitamos como primera ponente a Naomi Klein por su trabajo sobre la "doctrina del *shock*" y el "capitalismo del desastre". Nuestro objetivo era visibilizar la aplicación del capitalismo del desastre en Puerto Rico y sus problemas, promover alternativas justas y ecológicas a estas políticas y fortalecer la defensa del proyecto de educación pública como un bien común. Queríamos, además, denunciar el uso del huracán para promover las políticas neoliberales —popularmente rechazadas— que atentan contra el bienestar de nuestro país y en especial de sus habitantes más vulnerables. Son políticas que limitarán el acceso a los recursos básicos como el agua, la electricidad y la vivienda, y que destruyen nuestro medio ambiente, nuestra salud, democracia, calidad de vida y estabilidad económica, mientras incrementan la transferencia de riqueza a los que ya son ricos.

Naomi aceptó muy solidariamente nuestra invitación y en enero de 2018 nos acompañó durante una semana intensa, que incluyó un foro en el Recinto de Río Piedras de la Universidad de Puerto Rico con más de 1.500 asistentes y una cobertura amplia en los medios. También realizamos viajes de investigación sobre los temas de la deuda y las políticas de privatización, la soberanía energética y la soberanía alimentaria. Su visita terminó con un encuentro de sobre 60 organizaciones en resistencia, un evento que se ha repetido en varias ocasiones desde entonces y que dio paso a la creación de la alianza JunteGente, con miras a aunar esfuerzos en la lucha por el futuro de Puerto Rico. Su estadía ayudó a proyectar reflexiones sobre cómo construir un "contra *shock*" desde la sociedad civil organizada en resistencia que logre impulsar a nivel nacional alternativas al neoliberalismo.

Este libro, producto de esa intensa investigación y de esas conversaciones, muestra claramente la coyuntura histórica en la que se encuentra Puerto Rico. Al interconectar las historias de las luchas por la agroecología, la democracia energética, la educación pública, y contra los ultrarricos que quieren comprar barato nuestro país, Naomi pone de manifiesto de forma aguda y cautivadora la esencia de la batalla que se está librando entre visiones totalmente opuestas: la utopía (para nosotros distópica) de un Puerto Rico que es un resort para los ricos; y la utopía de un Puerto Rico equitativo, democrático y sostenible para todxs sus habitantes. A la misma vez, Naomi ha logrado atender las complejidades históricas de este momento vinculando las luchas actuales con una larga trayectoria de experimentos coloniales y neoliberales. El libro es, por tanto, lectura obligada para cualquiera que quiera entender la crisis por la que atraviesa Puerto Rico y lo que se juega en ella, que no es nada menos que la supervivencia de los habitantes de nuestro hermoso archipiélago caribeño.

Federico Cintrón Moscoso
Gustavo García López
Mariolga Reyes Cruz
Juan Carlos Rivera Ramos
Bernat Tort Ortiz
Profesorxs Autoconvocadxs
en Resistencia Solidaria (PAReS)
abril, 2018

UN OASIS SOLAR

Al igual que a todo Puerto Rico, el huracán María sumió al pequeño pueblo montañoso de Adjuntas en la total penumbra. Cuando los residentes salieron de sus hogares para evaluar la magnitud de los daños, se encontraron no solo sin energía eléctrica ni agua, sino también totalmente aislados del resto de la isla. Cada una de las calles estaba obstruida, ya fuera por montañas de lodo que se habían deslizado desde los picos adyacentes o por ramas y árboles caídos. Sin embargo, en medio de esta devastación existía un lugar luminoso.

Cerca de la plaza pública relumbraba una luz a través de cada ventana de una gran casa colonial pintada de rosa. Relucía como un faro en medio de la tenebrosa oscuridad.

Esa casa rosa era Casa Pueblo, un centro comunitario y ecológico con profundas raíces en esa parte de la Isla. Hace veinte años sus fundadores, una familia de científicos e ingenieros, instalaron paneles solares en el tejado del centro, una movida que en aquel momento parecía un tanto una excentricidad jipi. De alguna manera esos paneles (que se actualizaban con el transcurso de los años) sobrevivieron a los vientos huracanados de María, así como a los objetos que cayeron sobre ellos. Esto significó que, por kilómetros y kilómetros, dentro del mar de oscuridad que sucedió a la tormenta, Casa Pueblo era el único lugar que tenía energía estable.

Y, como polillas a una llama, la gente de todas las montañas adjunteñas se abrió camino hacia esa luz cálida y acogedora.

La casa rosa, que ya era un centro comunitario antes de la tormenta, se convirtió rápidamente en el centro de mando para los esfuerzos autogestionados de socorro. Pasarían semanas antes de que la Agencia Federal para el Manejo de Emergencias o cualquier otra agencia llegara con ayuda significativa, por lo que las personas fueron masivamente a Casa

Pueblo en busca de alimentos, agua, toldos y sierras eléctricas, así como para abastecerse de la preciada fuente de energía para recargar sus aparatos electrónicos. Incluso, más crucial aún, Casa Pueblo se convirtió en una especie de hospital de campaña improvisado. Sus cuartos ventilados se llenaron de personas envejecientes que necesitaban conectar sus máquinas de oxígeno.

Gracias también a esos paneles solares, la estación de radio de Casa Pueblo pudo continuar transmitiendo, convirtiéndose así en la única fuente de información de la comunidad cuando los cables de transmisión eléctrica y las torres de telecomunicaciones caídos habían cortado todo lo demás. Veinte años luego de que se instalaran esos paneles solares en el techo, ya estos no parecían un capricho. De hecho, parecían la mejor posibilidad de supervivencia en un futuro que seguramente traerá consigo más *shocks* climáticos del tamaño de María.

Visitar Casa Pueblo en un viaje reciente a Puerto Rico fue algo así como una experiencia vertiginosa; fue un poco como adentrarme por un portal a otra dimensión, a un Puerto Rico paralelo en donde todo funcionaba y el ánimo desbordaba de optimismo.

Esto fue particularmente chocante porque había pasado gran parte del día en la costa sureña, que está grandemente industrializada, conversando con algunas personas que habían sufrido de los impactos más crueles del huracán María. No solo se habían inundado sus barrios ubicados en zonas bajo el nivel del mar, sino que también temían que la tormenta hubiera dispersado los materiales tóxicos de las centrales eléctricas que queman combustibles fósiles, así como de los campos de experimentación agrícola, y no tenían esperanzas de poder evaluarlo. Como agravante —y a pesar de que viven en las cercanías de dos de las centrales eléctricas más grandes de la isla—, muchos todavía no tenían servicio eléctrico.

La situación se sentía persistentemente desoladora y aun más con el calor asfixiante. Pero luego de conducir montaña arriba y de llegar a Casa Pueblo, los ánimos cambiaron al instante. Nos recibieron unas puertas abiertas de par en par, así como el café orgánico recién colado proveniente de la propia hacienda del centro, que es manejada por la comunidad. Arriba, un aguacero purificador martillaba sobre los preciados paneles solares.

Arturo Massol Deyá, un biólogo barbudo que preside la junta de directores de Casa Pueblo, me llevó en un pequeño recorrido por las instalaciones: la estación de radio, un cine solar que instauraron después de la tormenta, un mariposario, una tienda de artesanías locales y su increíblemente popular marca de café. También me guió a lo largo de las fotografías enmarcadas en la pared: masas de personas que protestaban por las minas a cielo abierto (una batalla ardua que Casa Pueblo ayudó a ganar), imágenes de su bosque escuela, en el que brindan educación en los exteriores, y escenas de una protesta en Washington D.C. contra un gasoducto propuesto que atravesaría estas montañas (otra victoria). El centro comunitario era un híbrido extraño de albergue ecoturista y célula revolucionaria.

Mientras se acomodaba en un sillón de madera, Massol Deyá contaba cómo María había cambiado su percepción de lo que es posible en la isla. Explicó que por muchos años había abogado por que el archipiélago obtuviera mucha más cantidad de energía de fuentes renovables. Había advertido por mucho tiempo los riesgos asociados a la sobrecogedora dependencia de Puerto Rico en el combustible fósil importado y en la generación centralizada de energía. Una gran tormenta, había vaticinado, podía tumbar toda la red, especialmente después de décadas de despidos de trabajadores expertos y de falta de mantenimiento.

Ahora, todas las personas cuyos hogares estaban a oscuras entendieron esos riesgos, así como el pueblo completo de Adjuntas podía ver una Casa Pueblo bien iluminada y comprender las ventajas de la energía solar que se produce donde mismo se consume. Como planteó Massol Deyá: "Nuestra calidad de vida era buena antes porque funcionábamos con energía solar. Y, luego del huracán, nuestra calidad de vida es buena también. […] Este fue un oasis de energía para la comunidad".

Es difícil imaginar un sistema eléctrico más vulnerable a los *shocks* amplificados por el cambio climático que el de Puerto Rico. Un impactante 98 por ciento de su electricidad proviene de combustibles fósiles. Sin embargo, como no tiene ninguna fuente de petróleo, gas o carbón, todos estos combustibles se importan por barco. Luego se transportan por camión y oleoductos a un puñado de descomunales centrales eléctricas. Después, la electricidad que generan esas centrales se transmite a lo largo de distancias inmensas mediante cables suspendidos y un cable submarino que conecta a la isla de Vieques con la isla grande. El coloso completo es monstruosamente caro, lo que provoca que el costo de la electricidad sea casi el doble del promedio estadounidense.

Así como lo alertaran los ambientalistas como Massol Deyá, María causó rupturas devastadoras en cada tentáculo del sistema eléctrico de Puerto Rico: el puerto de la bahía de San Juan, que recibe una cantidad significativa del combustible importado, entró en crisis y unos 10.000 contenedores de carga repletos de abastecimientos imprescindibles se apilaron en los muelles en espera de ser entregados. Muchos camioneros no podían llegar hasta el puerto, ya fuera por carreteras obstruidas o porque estaban luchando por salvar a sus propias familias del peligro. Con un suplido reducido de diésel por toda la Isla, algunos simplemente no pudieron conseguir el combustible para llegar. Las filas en las estaciones de gasolina se extendían por kilómetros. La mitad de las gasolineras de la Isla no estaba funcionando en absoluto. La montaña de abastecimientos estancados en el puerto crecía cada vez más.

Mientras tanto, el cable que conectaba a Vieques estaba tan afectado que todavía, seis meses después, no se ha arreglado. Y por todo el archipiélago, el tendido eléctrico que transmitía la electricidad desde las centrales estaba tirado en el suelo. El sistema completo estaba, literalmente, caído.

Este colapso general, explicó Massol Deyá, ahora le permitía hacer los planteamientos a favor de una transformación radical y veloz a la energía renovable. En un futuro en el que seguramente habrá más *shocks* climáticos, conseguir energía de fuentes que no precisan de extensas redes de transportación se trata simplemente de sentido común. A Puerto Rico, a pesar de ser pobre en combustibles fósiles, lo baña el sol, lo azota el viento y lo rodean las olas.

La energía renovable, no obstante, no es para nada inmune a los daños de las tormentas. En algunos parques eólicos puertorriqueños, las aspas de las turbinas se quebraron por los fuertes vientos de María (aparentemente porque no estaban instaladas correctamente) y algunos paneles solares que no estaban bien asegurados alzaron el vuelo. Esta vulnerabilidad es parte de la razón por la que Casa Pueblo y muchos más enfatizan en el modelo de microrredes para las fuentes renovables de energía. En vez de depender de algunos pocos campos solares y parques eólicos que luego distribuirían energía mediante líneas de transmisión extensas y vulnerables, unos sistemas más pequeños y basados en las comunidades podrían generar la energía allí donde se consume. Si la red más grande sufre daños, estas comunidades podrían simplemente desconectarse de ella y seguir supliéndose de las microrredes.

Este modelo descentralizado no elimina el riesgo, pero haría que el tipo de apagones totales que sufrieron los puertorriqueños por varios meses —y por el que cientos de personas todavía están pasando— sea cosa del pasado. Aquellos que tengan paneles solares que sobrevivan a la próxima tormenta podrán, como Casa Pueblo, estar viento en popa el próximo día. "Y los paneles solares se pueden reemplazar fácilmente", destacó Massol Deyá, algo que no es cierto para el tendido eléctrico y los oleoductos.

En parte para proclamar el evangelio de la energía renovable, en las semanas después de la tormenta Casa Pueblo repartió 14.000 linternas solares: unas pequeñas cajas cuadradas que se recargan durante el día si se dejan en el exterior para que, por la noche, puedan servir como los tan necesitados focos de luz. Recientemente, el centro comunitario ha logrado distribuir un gran cargamento de refrigeradores de tamaño completo que funcionan con energía solar, lo que significa una gran mejoría para los hogares en el interior del país que todavía no tienen electricidad.

Casa Pueblo también ha lanzado #50ConSol, una campaña que reclama que el 50 por ciento de la electricidad en Puerto Rico provenga del sol. Ha estado instalando paneles solares en decenas de viviendas y negocios en Adjuntas, incluida, de manera más reciente, una barbería. "Ahora hay hogares que están pidiéndonos apoyo", dijo Massol Deyá, en lo que es un cambio marcado de aquellos días en los que, no hace mucho, los paneles solares de Casa Pueblo se percibían como objetos ecológicos de lujo. "Vamos a hacer todo lo que esté a nuestro alcance para cambiar ese panorama y decirle al pueblo de Puerto Rico que un futuro distinto es posible".

Varios puertorriqueños con los que conversé se refirieron casualmente a María como "nuestra maestra". Esto debido a que, en medio de las convulsiones causadas por la tormenta, la gente no solo descubrió lo que no funciona (que es casi todo), sino que también aprendió muy rápidamente algunas cosas que funcionaban sorpresivamente bien. Arriba, en Adjuntas, era la energía solar. En otras partes eran las pequeñas fincas orgánicas que se valían de métodos tradicionales de cultivo que tenían la capacidad de resistir a inundaciones y ventarrones. En cada caso, las profundas relaciones comunitarias, así como los vínculos fuertes con la diáspora puertorriqueña, pudieron brindar auxilio para salvar vidas, mientras que el gobierno fallaba una y otra vez.

Casa Pueblo se fundó hace 38 años por el padre de Arturo, Alexis Massol González, a quien en 2002 se le otorgó el prestigioso Premio Goldman por su liderazgo ambiental. Massol González comparte con su hijo la creencia de que María ha abierto una ventana de posibilidades, una que pudiera dar paso a una transformación fundamental hacia una economía más saludable y democrática, no solo para la electricidad, sino también para los alimentos, el agua y las demás necesidades de la vida. "Buscamos transformar el sistema eléctrico. Nuestra meta es adoptar un sistema de energía solar y dejar atrás el petróleo, el gas natural y el carbón —dijo— que son altamente contaminantes".

Su mensaje resuena especialmente a más de 70 kilómetros al sureste, en la comunidad costera de Bahía de Jobos, cerca de Salinas. Esta es una de las áreas que está lidiando con un cúmulo de tóxicos ambientales, muchos de los cuales surgen de la quema de combustible de las anticuadas centrales eléctricas. Así como en Adjuntas, los residentes de esta comunidad han aprovechado las fallas eléctricas luego de María para promover la energía solar mediante un proyecto llamado Coquí Solar. De la mano de académicos locales han desarrollado un plan que no solo podría producir suficiente energía para cubrir sus necesidades, sino que también mantendría las ganancias y los trabajos dentro de la comunidad. Nelson Santos Torres, uno de los organizadores de Coquí Solar, me dijo que están insistiendo en entrenarse en destrezas de sistemas de energía solar "para que los jóvenes de la comunidad puedan participar de la instalación", dándoles así una razón por la cual permanecer en la Isla.

Cuando visité el lugar, Mónica Flores, una estudiante graduada del programa de Ciencias Ambientales de la Universidad de Puerto Rico, y quien ha estado trabajando con las comunidades en torno a proyectos de energía renovable, me dijo que el manejo verdaderamente democrático de los recursos es la mejor esperanza que puede tener la Isla. La gente tiene que tener un sentido, dijo, de que "esta es nuestra energía. Esta es nuestra agua y así es como la manejamos porque creemos en este proceso y respetamos nuestra cultura, nuestra naturaleza y todo aquello que nos sostiene".

Seis meses después de la avalancha desastrosa causada por María, decenas de organizaciones de base están uniéndose para adelantar precisamente esta visión: un Puerto Rico *reimaginado* que esté gobernado por la gente y sus intereses. Como Casa Pueblo, y en medio del sinfín de disfuncionalidades e injusticias que la tormenta expuso tan claramente, ven la oportunidad de atajar las raíces de las causas que convirtieron el desastre climatológico en una catástrofe humana. Entre estas, la dependencia extrema de la Isla en combustible y alimentos importados, la deuda impagable y posiblemente ilegal que se ha usado para imponer ola tras ola de austeridad que agravan el debilitamiento de las defensas de la isla, y la relación colonial de 130 años con un gobierno estadounidense que siempre ha ignorado las vidas de los puertorriqueños.

Si María es una maestra, arguye este movimiento emergente, la lección universal de la tormenta es que ahora no es el momento de reconstruir lo que había, sino para la transformación en lo que podría ser. "Todo lo que consumimos viene del exterior y nuestras ganancias se exportan", dice

Massol González, cuya cabellera se ha blanqueado luego de décadas de lucha. Lo ideal, entonces, sería un sistema que deje atrás la deuda y la austeridad, que han hecho de Puerto Rico un lugar exponencialmente más vulnerable a los golpes de María.

Pero dijo con una sonrisa de complicidad: "Vemos las crisis como un momento para cambiar".

Massol González y sus aliados saben bien que no están solos en esta percepción del momento pos María como una oportunidad. También existe otra versión muy diferente de cómo Puerto Rico deberá rehacerse radicalmente después de la tormenta, y la impulsa de manera agresiva el gobernador Ricardo Rosselló en reuniones con banqueros, desarrolladores de bienes raíces, corredores de criptodivisas y, por supuesto, con la Junta de Control Fiscal, un cuerpo de siete miembros que no fueron electos, pero que ejercen el control total sobre la economía de Puerto Rico.

Para este grupo de poder la lección que María trajo consigo no se trató de los peligros de la dependencia económica y de la austeridad en tiempos de trastornos climáticos. El problema verdadero, alegan, era el dominio público sobre la infraestructura de Puerto Rico, que carecía de los correspondientes incentivos del mercado libre. En vez de transformar esa infraestructura para que realmente funcione para el interés público, argumentan a favor de venderlo a precio de liquidación a intereses privados.

Esta es solo una parte de la perspectiva arrasadora que aspira a que Puerto Rico se transforme en una "economía del visitante", una con un estado radicalmente reducido y muchos temen que también con menos puertorriqueños viviendo en la Isla. En su lugar, habrá decenas de miles de "individuos de alto valor patrimonial" provenientes de Europa, Asia y los Estados Unidos, atraídos a mudarse de manera permanente gracias a una cornucopia de exenciones contributivas y la promesa de vivir todo el año un estilo de vida digno de un resort cinco estrellas dentro de enclaves completamente privatizados.

En cierto sentido, ambos son proyectos utópicos: la visión de un Puerto Rico en el que la riqueza de la Isla se maneja de manera cuidadosa y democrática por su pueblo y el proyecto del liberalismo libertario que algunos llaman *"Puertopia"* que está conjurándose en los salones de baile de hoteles lujosos en San Juan y en la ciudad de Nueva York. Un sueño está enraizado en el deseo de que las personas ejerzan la soberanía colectiva sobre su tierra, energía, alimentos y agua; el otro, en el deseo de una pequeña elite de escindirse por completo del alcance gubernamental, en liberarse para acumular ganancias privadas ilimitadas.

Mientras viajé por Puerto Rico —desde sus fincas y escuelas sostenibles en la región montañosa central, a la antigua base naval de los Estados Unidos en Vieques, a un legendario centro de apoyo mutuo en la costa este, a antiguas haciendas azucareras transformadas en campos solares en el sur—, descubrí estas visiones tan diferentes sobre el futuro que impulsaban para adelantar sus respectivos proyectos antes de que la ventana de oportunidad que ha abierto la tormenta comience a cerrarse.

En el corazón de esta batalla radica una cuestión muy sencilla: ¿Para quién es Puerto Rico? ¿Será para los puertorriqueños o para los extranjeros? Después de un trauma colectivo como el huracán María, ¿quién tiene el derecho a decidir?

LA INVASIÓN DE LOS *PUERTOPIANS*

A principios del mes de marzo, en el ornamentado Condado Vanderbilt Hotel de la ciudad de San Juan, el sueño de Puerto Rico como una utopía con fines de lucro se cristalizó por completo. Del 14 al 16 de ese mes, el hotel fue la sede de *Puerto Crypto*, un evento "intensivo" de tres días para promover las criptomonedas y las cadenas de bloques, con un enfoque particular en por qué Puerto Rico será "el epicentro de este mercado de miles de billones de dólares".

Entre los conferenciantes estaba Yaron Brook, presidente del Instituto Ayn Rand, que presentó su ponencia titulada "Cómo la desregulación y las cadenas de bloques pueden convertir a Puerto Rico en el Hong Kong del Caribe". El año pasado, Brook anunció que él mismo se había mudado de California a Puerto Rico, en donde alega que pasó de pagar un 55 por ciento de sus ingresos en contribuciones a menos del 4 por ciento.

En el resto de la isla cientos de miles de puertorriqueños aún vivían alumbrados por la luz de las linternas, muchos todavía dependían de FEMA para recibir ayudas alimenticias y la línea principal de llamadas de emergencias de salud mental todavía estaba abarrotada. Pero dentro del Vanderbilt había poco espacio para ese tipo de noticia aguafiestas. En cambio, los asistentes —renovados después de una selección de sesiones de "yoga al amanecer y meditación" y de "*surfing* mañanero"— escuchaban de la boca de los principales servidores públicos, tales como el secretario del Departamento de Desarrollo Económico y Comercio, Manuel Laboy Rivera, todas las cosas que Puerto Rico está haciendo para convertirse en el máximo parque de atracciones para los recientemente acuñados multimillonarios de la criptodivisa.

Este es el nuevo discurso que ha estado empleando el gobierno de Puerto Rico para la *jet set* privada hace ya algunos años, aunque hasta recientemente estaba enfocado en el sector financiero, en Silicon Valley y en otros que tienen la posibilidad de trabajar dondequiera que puedan acceder a datos informáticos. El discurso dice como sigue: no tienes que renunciar a tu ciudadanía estadounidense y ni siquiera irte técnicamente de los Estados Unidos

para poder escapar a sus leyes, regulaciones y a los
fríos inviernos de Wall Street. Solo tienes que mu-
dar la dirección de tu compañía a Puerto Rico y
disfrutarás de una alucinante baja tasa corporativa
de un 4 por ciento, una fracción de lo que las corporaciones pagan incluso después del recorte contributivo recientemente aprobado por Donald Trump.
Cualquier dividendo que pague una compañía ba-
sada en Puerto Rico a sus residentes también está
libre de impuestos, gracias a una ley aprobada en el
2012, denominada la Ley 20.

Los invitados a las conferencias también se ente-
raron de que, si cambian su residencia a Puerto Rico,
no solo podrán surfear cada mañana, sino también
ganar ventajas contributivas personales extensas.
Gracias a una cláusula en el código de rentas internas federal, los ciudadanos estadounidenses que se
mudan a Puerto Rico pueden evitar pagar impuestos federales sobre los ingresos generados en Puerto
Rico. Gracias a otra ley local, la Ley 22, también
podrán hacerse más ricos con una gama de reduccio-
nes contributivas y exenciones contributivas totales
que incluyen el no pagar ningún impuesto sobre la

ganancia patrimonial y ningún impuesto sobre los
interesos y dividendos que se le extraigan a Puerto
Rico. Esto y mucho más es parte de una apuesta de-
sesperada para atraer capital a una isla que está, para
todos los efectos, en la bancarrota.

Para citar al magnate multimillonario de fondos de cobertura John Paulson, que además es dueño
del hotel en donde se celebró *Puerto Crypto*: "Esencialmente, puedes reducir tus impuestos como no
puedes hacerlo en ninguna otra parte del mundo".
(O como dijera el sitio web de evasores contributivos *Premier Offshore*: "El resto de los paraísos fisca-
les pudieran muy bien cerrar. [...] Puerto Rico acaba
de sacarla del parque... hizo la mejor actuación de
su vida y recibió una ovación").

Con un viaje de apenas 3 horas y media desde
Nueva York a San Juan (o menos, todo depende del
tipo de *jet* privado), lo único que hace falta para entrar
en este esquema es estar de acuerdo con pasar 183
días del año en Puerto Rico. En resumen: el invierno.
Los residentes de Puerto Rico, vale la pena señalar,
no solo están excluidos de estos programas, sino que
también pagan contribuciones locales bien altas.

Los asistentes a la conferencia también escucharon acerca de todas las mejorías que le esperan a su estilo de vida si siguen a los autodenominados *"puertopians"* que ya han dado el salto. Como contó Manuel Laboy a *The Intercept*, para los 500 a 1.000 individuos de alto valor patrimonial que se han relocalizado desde que se firmaron las vacaciones tributarias hace cinco años —y muchos de ellos, por cierto, han optado por comunidades de acceso controlado con sus propias escuelas privadas— todo se trata de "vivir en una isla tropical con gente grandiosa, clima grandioso y piñas coladas grandiosas". ¿Y por qué no? "Estarás en una especie de vacaciones sinfín en un lugar tropical en el que, en realidad, estás trabajando. Esa combinación, me parece, es muy poderosa".

¿Cuál es el lema oficial de este nuevo Puerto Rico? *Paradise Performs* (El paraíso prospera).

En medio de la preocupación que crece entre los locales en cuanto al "criptocolonialismo", *Puerto Crypto* se ha cambiado el nombre a última hora a un menos imperial *Blockchain Unbound* (Cadena de bloques desencadenada), aunque este no tuvo

el mismo éxito. Además, para algunos en los crip-
tocírculos, el atractivo de relocalizarse en Puerto
Rico va mucho más allá de la versión de Laboy de
lo que es el paraíso. Después de María, las tierras se
vendían incluso más baratas, los activos públicos se
subastaban a precios de liquidación y miles de millones de dólares en fondos de asistencia federal para
desastres comenzaron a llegar a las manos de los
contratistas. Mientras tanto, algunos sueños particularmente grandiosos para la Isla comenzaron a
brotar a la superficie. Ahora, en vez de simplemente
buscar mansiones en comunidades tipo resort, los
puertopians están procurando comprar un pedazo
de tierra lo suficientemente grande para comenzar
su propia ciudad, que incluya un aeropuerto, una
marina de yates, que tenga su propio pasaporte y
donde todo funcione con monedas virtuales.

Algunos le llaman "Sol" y otros le llaman
"*Crypto Land*". Incluso pareciera tener su propia
religión: una turbulenta mescolanza de supremacía
de la riqueza inspirada en Ayn Rand, una filantro-
capitalista *noblesse oblige*, una seudo espiritualidad
inspirada en Burning Man y en varias escenas de

Avatar vistas bajo los efectos de las drogas y recordadas a medias. A Brock Pierce, el actor infantil que se convirtió en un criptoemprendedor y que funge como el gurú *de facto* del movimiento, se le reconoce por valerse de aforismos *New Age* tales como "alguien con miles de millones es alguien que ha afectado positivamente las vidas de miles de millones de personas". De expedición de bienes raíces para identificar posibles lugares para *Crypto Land*, se dice que gateó hasta el "regazo" de un árbol de Ceiba, una especie majestuosa que es sagrada en varias culturas indígenas, y que "besó los pies de un anciano".

Pero no hay por qué confundirse: la verdadera religión aquí es la evasión contributiva. Como dijera recientemente a sus seguidores en YouTube un corredor de criptomonedas, antes de mudarse a Puerto Rico a tiempo para poder cumplir con la fecha límite para radicar a tiempo sus contribuciones: "De veras tuve que buscarlo en el mapa". (Luego admitió haber pasado por cierto "choque cultural" cuando se enteró de que los puertorriqueños hablan español, pero les dio instrucciones a sus seguidores que estén considerando seguir su ejemplo de que instalaran "la aplicación de Google Translate en su teléfono y ya está").

La convicción de que los impuestos son un tipo de robo no es nueva entre los hombres que estiman que se han construido a sí mismos. No obstante, hay algo en convertirse en famoso de la noche a la mañana con dinero que, en efecto, has creado —o "minado"— que le otorga un carácter particularmente grave de santurronería a la decisión de no dar nada a los demás. Como dijo Reeve Collins, un *puertopian* de 42 años, a *The New York Times*: "Esta es la primera vez en la historia humana que otros que no son reyes o gobiernos o dioses pueden crear su propio dinero". Así que, ¿quién es el gobierno para quitárselo?

Como raza, los *puertopians*, ataviados con chancletas y pantalones de surfear, son algo así como el primo vago de los Seasteaders: un movimiento de liberales libertarios adinerados que han estado conspirando hace años para escapar de las garras del gobierno mediante la fundación de sus propias ciudades-estado en islas artificiales. A cualquiera que no le guste pagar impuestos o estar regulado simplemente se le exhorta a que, como dice el manifiesto de Seasteading: "Vote con su bote".

Para aquellos que albergan estas fantasías secesionistas randianas, Puerto Rico es una carga mucho más liviana. Cuando se trata de imponer contribuciones y regulaciones a los ricos, su gobierno actual se ha rendido con un entusiasmo incomparable. Y no hay ninguna necesidad de pasar el trabajo de construir tus propias islas sobre plataformas flotantes elaboradas. Como lo articuló una sesión de *Puerto Crypto*, Puerto Rico está listo para transformarse en una "criptoisla".

Por supuesto que, contrario a las ciudades-estado vacías con las que sueñan los Seasteaders, el Puerto Rico de la vida real tiene una población densa de puertorriqueños de carne y hueso. No obstante, FEMA y la oficina del gobernador han estado haciendo lo posible para encargarse de eso también. Aunque no ha habido ningún esfuerzo confiable de rastrear los flujos migratorios desde el huracán María, se reporta que unas 200.000 personas han abandonado la isla y que muchas de estas lo han hecho con ayudas federales.

Este éxodo se presentó primero como una medida temporera de urgencia, pero desde entonces se ha constatado que se pretende que la despoblación sea de carácter permanente. La oficina del gobernador de Puerto Rico augura que durante los próximos cinco años la población de la isla experimentará un "decrecimiento acumulativo" de cerca del 20 por ciento.

Los *puertopians* saben que todo esto ha sido muy duro para los habitantes, pero insisten en que su presencia será una bendición para la isla devastada. Bruce Pierce arguye (sin ofrecer detalles al respecto) que la criptodivisa va a ayudar a financiar la reconstrucción y el emprendimiento en Puerto Rico, incluidas la agricultura local y la energía. La enorme fuga de cerebros de Puerto Rico, dice, ahora se contrarresta con una "ganancia de cerebros", gracias a él y a sus amigos evasores. En una conferencia de inversiones en Puerto Rico, Pierce comentó filosóficamente que "es en estos momentos en los que experimentamos nuestra mayor pérdida que tenemos la oportunidad más grande recomenzar y mejorar".

El propio gobernador Rosselló parece estar de acuerdo. En febrero le dijo a un público de empresarios en Nueva York que María dejó un "lienzo en blanco" sobre el cual los inversionistas pueden pintar su propio mundo de ensueño.

UNA ISLA QUE ESTÁ HARTA DE LA EXPERIMENTACIÓN FORÁNEA

El sueño de un lienzo en blanco, de un lugar seguro para probar las ideas más alocadas, tiene un historial largo y amargo en Puerto Rico. Durante su extensa historia colonial, este archipiélago ha servido de manera ininterrumpida como un laboratorio viviente para prototipos que luego se exportan alrededor del mundo. Hubo experimentos de dudosa reputación sobre control poblacional que, a mediados de la década de 1960, causaron la esterilización coercitiva de más de una tercera parte de las mujeres puertorriqueñas. Muchos medicamentos peligrosos se han probado en Puerto Rico por años y años, incluida una versión de alto riesgo de la píldora anticonceptiva que contenía una dosis de hormonas cuatro veces más concentrada que la versión que finalmente se introdujo al mercado estadounidense.

Vieques —que tenía dos terceras partes ocupadas por instalaciones de la Marina de Guerra de los Estados Unidos en las que los marinos practicaban maniobras de guerra terrestre y culminaban su entrenamiento de tiro— era un campo de prueba para todo, desde el Agente Naranja hasta el uranio empobrecido y el napalm. Al día de hoy, los gigantes del negocio agrícola, como Monsanto y Syngenta, usan la costa del sur de Puerto Rico como un campo de experimentación, que continúa en expansión, para miles de pruebas sobre semillas modificadas genéticamente, en su mayoría de maíz y soja.

Muchos economistas puertorriqueños también han desarrollado argumentos convincentes de que en la isla se inventó todo el modelo de la zona económica especial. En los años 50 y 60, mucho antes de que la era del mercado libre arropara el mundo, los manufactureros estadounidenses se aprovecharon de la fuerza laboral de salarios bajos y de las exenciones contributivas especiales de Puerto Rico para reubicar la industria ligera en la Isla y así probar efectivamente el modelo de deslocalización laboral y las fábricas tipo maquiladora.

La lista no tiene fin. El atractivo de Puerto Rico para estos experimentos se basó en una combinación tanto del control geográfico que brinda una isla, como de racismo puro y duro. Juan E. Rosario, un organizador comunitario y ambientalista de años, me contó que su propia madre fue sometida a la experimentación con la Talidomida, y me lo explicó así: "Es una isla que está aislada y llena de personas que no tienen ningún valor. Personas desechables. Por muchos años nos han usado como conejillos de Indias para los experimentos de los Estados Unidos".

Estos experimentos han dejado cicatrices indelebles sobre la tierra y el pueblo de Puerto Rico. Son visibles en los cascos de las fábricas que los manufactureros estadounidenses abandonaron cuando consiguieron salarios aún más bajos y regulaciones más laxas en México y después en China luego de que se firmara el Tratado de Libre Comercio de América del Norte y se creara la Organización Mundial de Comercio. Las cicatrices también están marcadas en los materiales explosivos, las municiones que no se limpian, en el coctel diverso de químicos militares, los que tomará décadas purgar del ecosistema viequense, y en la actual crisis de salud que se vive en la pequeña isla. Y están también en la cadena de tierras del archipiélago que están tan contaminadas que la Agencia para la Protección Ambiental ha clasificado 18 de estas en la lista de sitios contaminados con desperdicios tóxicos, lo que incluye todos los efectos en la salud local que acompañan a esta toxicidad.

Pero las cicatrices más profundas pueden ser incluso más difíciles de percibir. El colonialismo en sí es un experimento social, un sistema de varias capas de controles explícitos e implícitos que está diseñado para desembarazar a las gentes colonizadas de su cultura, confianza y poder. Con herramientas que van desde la fuerza bruta militar y policíaca para acabar con huelgas y rebeliones, a una ley que en algún momento prohibió la bandera puertorriqueña, hasta los dictámenes impuestos hoy por la Junta de Control Fiscal, por siglos los residentes de estas islas han vivido bajo esa red de control.

En mi primer día en la Isla, asistí en la Universidad de Puerto Rico a una reunión de líderes de uniones obreras en la que Rosario habló fervorosamente sobre el impacto sicológico de este experimento que no tiene conclusión. Dijo que este momento donde tanto estaba en juego —cuando tantos extranjeros están llegando con sus propios planes y grandes sueños— "tenemos que saber hacia dónde vamos. Tenemos que saber dónde está nuestro objetivo final. Tenemos que saber qué es el paraíso". Y no el tipo de paraíso que "prospera" para los corredores de divisas cuyo pasatiempo es el surf, sino uno que en realidad sirva a la mayoría de los puertorriqueños.

El problema, continuó, es que "la gente en Puerto Rico le tiene mucho miedo a pensar sobre 'la Gran Cosa'. No se supone que soñemos, no se supone que pensemos ni siquiera en gobernarnos a nosotros mismos. No tenemos esa tradición de ver el cuadro completo". Esto, dijo, es el legado más amargo del colonialismo.

El mensaje degradante que subyace en el experimento colonial se ha reforzado de maneras innumerables por la respuesta (y la falta de respuesta) oficial al huracán María. Vez tras humillante vez, los puertorriqueños reciben ese mensaje familiar sobre su valor relativo y su condición, al fin y al cabo, desechable. Nada ha confirmado esto más que el hecho de que ninguna esfera del gobierno ha considerado que sea razonable contar los muertos de forma creíble, como si la pérdida de vidas puertorriqueñas tuviera tan pocas consecuencias que no hay necesidad de documentar su extinción en masa. Al momento de esta redacción, el conteo oficial de cuántas personas murieron como resultado del huracán María se mantiene en 64, aunque una investigación exhaustiva del Centro de Periodismo Investigativo de Puerto Rico y *The New York Times* ubicó el número sobre la cifra de 1.000. El gobernador de Puerto Rico anunció que una investigación independiente reevaluará los números oficiales.

Sin embargo, existe otra cara de estas revelaciones dolorosas. Los puertorriqueños ahora saben, sin duda alguna, que no tienen un gobierno que vele por sus intereses; ni en la Fortaleza ni en la Junta de Control Fiscal impuesta (que muchos puertorriqueños recibieron con los brazos abiertos al principio, convencidos de que sacaría de raíz la corrupción) y mucho menos en Washington, en donde la idea de ayuda y consuelo del actual presidente fue lanzar papel toalla a una multitud. Eso significa que si hubiera un gran experimento nuevo en Puerto Rico, uno que tomara en cuenta de manera genuina los intereses del pueblo, entonces los propios puertorriqueños tendrían que ser los que lo sueñen y luchen por él "de abajo hacia arriba", como me dijo el fundador de Casa Pueblo, Alexis Massol González.

Él está convencido de que su gente está lista para asumir la tarea. Irónicamente, gracias en parte a María. Precisamente porque la respuesta oficial al huracán ha dejado tanto que desear, los puertorriqueños en la Isla y en la diáspora se ven obligados a organizarse ellos mismos a niveles impresionantes. Casa Pueblo es solo un ejemplo de entre muchos otros. Casi sin recursos, las comunidades instauraron cocinas comunitarias inmensas, recaudaron grandes cantidades de dinero, coordinaron y distribuyeron suministros, limpiaron las calles y reconstruyeron las escuelas. En algunas comunidades incluso reconectaron la electricidad con la ayuda de trabajadores retirados de la Autoridad de Energía Eléctrica.

No deberían haber hecho todo esto. Los puertorriqueños pagan impuestos —el Servicio de Rentas Internas de Estados Unidos recauda anualmente en la isla unos $3.5 mil millones— para ayudar a financiar a FEMA y a la milicia, que se supone que protejan a los ciudadanos estadounidenses en un estado de emergencia. No obstante, uno de los resultados de verse forzados a salvarse a sí mismos es que muchas comunidades descubrieron la fortaleza y la capacidad que no sabían que tenían.

Ahora esta seguridad en sí mismos está adentrándose rápidamente en el terreno político y con ella también las ganas entre un grupo creciente de puertorriqueños e individuos de hacer precisamente aquello que Juan Rosario dice que ha sido tan difícil en el pasado: inventar sus propias ideas, sus propios sueños de una isla paraíso que sea próspera para ellos.

"BIENVENIDA A LA TIERRA MÁGICA"

Esas fueron las palabras con las que me dieron la bienvenida a una bulliciosa escuela pública y finca orgánica asentada en las colinas de la espectacular región montañosa central de Puerto Rico, un lugar que se conoce por sus encumbrados saltos de agua, piscinas naturales de aguas cristalinas y picos de un verde electrificante.

Luego de conducir durante hora y media a través de algunas comunidades que todavía estaban bastante golpeadas por el huracán, el panorama parecía —en efecto— extrañamente encantado. Había niños sonrientes que cultivaban habichuelas y otros que recorrían hileras de girasoles. Había hombres y mujeres jóvenes que serruchaban maderas y erigían afanosamente varias estructuras nuevas. Se detenían de vez en cuando para compartir ideas sobre cómo conseguir que la finca funcionara a su mayor potencial. En una región en donde muchos todavía dependen de las insuficientes ayudas alimenticias gubernamentales, había mujeres mayores cortando montañas de vegetales y pescado para una espléndida comida comunal.

El ambiente estaba tan animado y la eficiencia era tan indiscutible que me sentí como cuando estaba en Casa Pueblo: como si hubiera entrado por un portal a ese Puerto Rico paralelo, a ese lugar donde las lecciones ecológicas y económicas del huracán María se aplicaban poderosamente.

"Hacemos agricultura agroecológica", me dijo Dalma Cartagena mientras señalaba las filas de espinaca, col risada, cilantro y mucho más. "Los niños de tercer a octavo grado hacen este trabajo, este hermoso trabajo".

Cartagena —una agrónoma de rizos canosos trenzados y de sonrisa yóguica— siente una gran pasión por cómo la agricultura ha ayudado a sus estudiantes a superar el trauma de una tormenta que fue tan feroz que parecía como si el mundo natural se hubiera ensañado con ellos. Mientras recorría los dedos por un sembradío de flores medicinales, me dijo: "Después de María, exhortamos a los estudiantes a que toquen las plantas y que permitan que las plantas los toquen, porque esa es una manera de sanar el dolor y el coraje".

Cuando los estudiantes ven que las semillas que sembraron crecen y se convierten en plantas, les sirve de recordatorio de que, a pesar de todo el daño infligido por la tormenta, "eres parte de algo que siempre te está protegiendo". La fractura aparente entre ellos y la tierra comienza a sanar.

Hace 18 años Cartagena se hizo cargo de esta finca en el municipio de Orocovis como parte del amenazado Programa de Educación Agrícola del Departamento de Educación de Puerto Rico. Conectados por un pequeño camino a una escuela intermedia grande en el pueblo —la Escuela Segunda Unidad Botijas I—, los estudiantes pasan parte del día en la finca escuchando a Cartagena explicar todo, desde el ciclo de nitrógeno hasta el compostaje. Vestidos de uniformes escolares impecables que complementan con botas de goma embadurnadas en lodo, también aprenden las destrezas prácticas de la "agroecología", un término que se refiere a una combinación de métodos agrícolas tradicionales que promueven la resiliencia y la protección de la biodiversidad, que rechaza los tóxicos y que se compromete a reconstruir la relación social entre los agricultores y las comunidades locales.

Cada grado atiende su propio cultivo desde que son semillas hasta que es momento de la cosecha. Algunas de las cosas que cultivan se sirven en el comedor escolar. Algunas se venden en el mercado. Y la mayoría se va a casa de los estudiantes.

Britany Berríos Torres, una estudiante de 13 años, me explicó con una mirada concentrada tras unos lentes gruesos de marco negro, mientras desgranaba un montón de habichuelas: "Mi mamá puede prepararlas o puede dárselas a mi abuela para que deje de preguntarse '¿Qué voy a cocinarle a mis hijas?'". Con tanta necesidad en la Isla, Berríos Torres dijo al respecto del trabajo que hace: "Me siento como si estuviéramos lanzándole un salvavidas a la humanidad".

Todo esto hace que esta finca en una escuela pública sea un caso relativamente atípico en Puerto Rico. Un legado de la economía de las plantaciones esclavistas que se instauraron primero bajo el régimen español es que mucha de la agricultura de la Isla sea a escala industrial y muchos de sus cultivos existan para propósitos de exportación o experimentación. Aproximadamente un 85 por ciento de los alimentos que los puertorriqueños en realidad consumen son importados y casi todo proviene de un solo puerto en Jacksonville, Florida (que también recibió el embate del huracán Irma el pasado mes de septiembre, lo que temporeramente cortó todo tráfico de navíos).

Con su escuela excepcional, que el gobierno ha intentado cerrar varias veces, Cartagena está decidida a probar que esta dependencia de personas de fuera no solo es innecesaria, sino que también es un disparate. Cuando se vale de técnicas agrícolas y de variedades de semillas cuidadosamente preservadas que se adaptan a la región, está convencida de que los puertorriqueños pueden nutrirse a sí mismos con alimentos saludables que cultiven en su propio suelo fértil, siempre y cuando haya suficientes tierras disponibles para una nueva y existente generación de agricultores que tengan el conocimiento para hacer el trabajo.

Esta lección de autosuficiencia adquirió una urgencia muy palpable el 20 de septiembre de 2018, cuando el huracán María arrasó estas islas. Así como la conmoción reveló los peligros del sistema eléctrico de Puerto Rico —uno que es adicto a las importaciones y es sumamente centralizado— también desenmascaró la vulnerabilidad extraordinaria de sus abastos de alimentos. Por toda la isla, las fincas de tamaño industrial que se dedicaban al monocultivo de guineos, plátanos, papaya, café y maíz parecían haber sido arrasadas por una guadaña. De acuerdo con el Departamento de Agricultura de Puerto Rico, la tormenta aniquiló más del 80 por ciento de los cultivos de Puerto Rico, lo que significó un golpe de $2 mil millones de dólares a la economía.

"Muchos agricultores convencionales están pasando hambre ahora mismo, aunque tienen una cantidad de tierras impresionante", me dijo Katia Avilés, una geógrafa ambiental y activista por la agricultura ecológica. "No tenían nada para cosechar porque siguieron las instrucciones del Departamento de Agricultura" y dedicaron sus fincas a un solo cultivo comercial vulnerable.

Mientras tanto, los alimentos importados no estaban mejor parados. El puerto de San Juan era un caos: los contenedores de carga estaban llenos de alimentos y de combustible que se necesitaban desesperadamente y que yacían sin abrir. Por semanas las góndolas de muchos supermercados estaban prácticamente vacías. Los lugares aislados como

Orocovis sufrieron la peor parte: los residentes estaban varados en sus comunidades porque las carreteras estaban obstruidas o no había combustible suficiente. Tomó más de una semana para que llegara más ayuda con alimentos. Y cuando llegó, a menudo era escandalosamente inadecuada. Se trataba de raciones al estilo militar y de las famosas cajas de FEMA que ganaron notoriedad porque estaban rellenas de Skittles, carnes procesadas y galletas Cheez-It.

En la pequeña finca de Cartagena, sin embargo, había comida nutritiva para compartir. La tormenta tumbó el vivero y el salón de clases exterior y los vientos se llevaron los guineos. Pero mucho del cultivo que habían sembrado los estudiantes estaba bien, incluidos los tomates y los tubérculos, es decir, casi todo aquello que crece cerca o debajo de la tierra.

"Nunca cerramos la finca. Nos quedamos trabajando aquí —dijo Cartagena— limpiando y haciendo la composta como pudiéramos". Al cabo de unos días, los estudiantes comenzaron a cruzar las montañas a pie para ayudar y se llevaban comida de vuelta a sus hogares para dársela a sus familias. Sembraron flores para tratar de atraer de nuevo a las abejas.

Había otras ayudas también. El día en el que la visité, la finca estaba llena de unos 30 agricultores que llegaron de todas partes de los Estados Unidos, Centroamérica, Canadá y Puerto Rico para ayudar a Cartagena y a sus estudiantes a reconstruir y replantar. Los visitantes eran parte de una ola de "brigadas internacionales" que fue finca tras finca para construir corrales de gallinas, viveros y otras estructuras de exteriores, así como para replantar cultivos. Esto era parte de un esfuerzo ambicioso de la Organización Boricuá de Agricultura Ecológica, de Puerto Rico, de la Climate Justice Alliance, de Estados Unidos, y de la red global de campesinos y pequeños agricultores llamada Vía Campesina.

Jesús Vázquez, defensor de la justicia ambiental, activista por la soberanía alimenticia, abogado ambiental y coordinador local de las brigadas, me comentó que la experiencia de Cartagena no era única. En los días después de María, los agricultores y los miembros de la comunidad se ayudaron

entre ellos por toda la Isla. Fue precisamente en
esos espacios selectos que todavía usaban métodos
tradicionales —que incluyen sembrar una variedad
de cultivos y usar árboles y pastos con raíces profundas para prevenir los deslizamientos y la erosión—
donde único había alimentos frescos.

La yuca, la malanga, el ñame y otros tubérculos son elementos esenciales y ricos en nutrientes que
forman parte de la dieta puertorriqueña y como crecen bajo el suelo, donde no los pudieron alcanzar los
vientos fuertes, la mayoría estaba casi completamente
protegida de los daños de la tormenta. "Algunos agricultores estaban recolectando comida el día después
del huracán", recordó Vázquez. Al cabo de unas pocas semanas ya tenían cientos de kilogramos de alimentos para vender o distribuir en sus comunidades.

Avilés, Vázquez y Cartagena trabajan con la
Organización Boricuá, una red de agricultores que
usan estos métodos tradicionales puertorriqueños y
los transmiten de generación en generación, "campesino a campesino", como lo describió Avilés. Pero
luego de décadas de políticas del gobierno estadounidense que igualaban la vida del campesino con

el subdesarrollo y que fijaron a Puerto Rico como un mercado cautivo para las importaciones de los Estados Unidos, todo lo que queda, dijo Avilés, son "islas" de fincas agroecológicas regadas por las tres islas pobladas del archipiélago.

Por 28 años la Organización Boricuá ha conectado esas islas agrícolas entre sí, ha abogado por sus intereses y promovido públicamente que la agroecología debería ser la base del sistema alimenticio de Puerto Rico, ya que es capaz de proveer "comida adecuada, accesible, nutritiva y culturalmente apropiada" para toda la población, según Vázquez. Este grupo también ha estado advirtiendo sobre los peligros del sistema de alimentos altamente centralizado del territorio, ya que aproximadamente un 90 por ciento de sus importaciones de alimento llegan por un solo punto de entrada: el puerto de San Juan. "Dentro del movimiento siempre hemos dicho que eso es un problema debido al cambio climático", me dijo Vázquez. Después de todo, si algo le pasara al puerto, "sería nuestra perdición".

Dado el poder de los cabilderos agrícolas corporativos a los que se enfrentan, hacer que el público perciba su mensaje ha sido una batalla cuesta arriba. Sus opositores los pintan como reliquias anacrónicas, mientras que las importaciones y la comida chatarra se vendían como la encarnación de la modernización. Pero María, que fue lo suficientemente poderosa para reajustar la geología local, también cambió la topografía local.

De la noche a la mañana todo el mundo podía ver cuán peligroso era que esta isla fértil perdiera el control sobre su sistema agrícola, junto con tantas cosas más. "No teníamos comida, no teníamos agua, no teníamos luz y no teníamos nada", rememora Avilés. Pero en las comunidades que todavía tenían fincas locales la gente también podía ver que la agroecología no era una pintoresca reliquia del pasado, sino una herramienta crucial para sobrevivir a un futuro escabroso.

Ahora la Organización Boricuá se une a muchas otras que también han estado construyendo sus propias "islas" de autosuficiencia, que no son solo fincas, sino que también son oasis de energía como Casa Pueblo. También a los centros de apoyo mutuo y a los grupos de educadores y economistas que tienen planes en cuanto a cómo los puertorriqueños pueden enfrentarse al capital internacional y rehacer su economía e instituciones públicas. En conjunto, esta red puertorriqueña de movimientos de base está trazando un plan para un nuevo Puerto Rico, uno en el que sus residentes tengan un papel más protagónico al forjar sus propios destinos que aquel que han tenido desde que España colonizó la Isla en 1493. "Es una sola lucha —dijo Katia Avilés— y se trata de cómo nos aseguramos de que hacemos una recuperación justa y que en el futuro no vamos a darnos tan duro como lo hicimos esta vez".

Y habrá una próxima vez. Hablé con Elizabeth Yeampierre, directora ejecutiva de UPROSE, la organización de base comunitaria latina más vieja de Brooklyn, y quien también estaba en Puerto Rico como parte de las brigadas de justicia ambiental. Estaba preocupada por la idea de que la temporada de huracanes comenzará de nuevo en tan solo unos meses. "Es imposible hablar sobre lo que pasó en Puerto Rico sin hablar sobre el cambio climático", que, al causar que los océanos se calien-

ten y suban los niveles del mar, de seguro traerá
más tormentas que rompan todos los récords. "Sería iluso que pensáramos que esta es la última tormenta y que no habrá otros eventos climatológicos
extremos recurrentes".

También dijo que los puertorriqueños —va-
liéndose de conocimientos celosamente protegidos
sobre qué semillas y especies de árboles pueden sobrevivir a estos eventos extremos, así como el tipo
de energía y las estructuras sociales sólidas que pueden resistir estos *shocks*— están creando un modelo
que no solo es aplicable a la Isla, sino al mundo. Una
manera para "comenzar verdaderamente a pensar
sobre cómo prepararse para el hecho de que el cambio climático está aquí".

Pero si los movimientos del pueblo de Puerto
Rico van a tener la oportunidad de brindar este
tipo de liderazgo mundial, van a tener que hacerlo
rápido porque no son los únicos con planes radicales sobre cómo la Isla deberá transformarse después
de María.

LA DOCTRINA DEL *SHOCK* TRAS *SHOCK*, TRAS *SHOCK*

El día antes de que atravesara ese portal en Oroco-vis, el gobernador Ricardo Rosselló brindó un mensaje televisado al país desde detrás de su escritorio y flanqueado por las banderas de Estados Unidos y de Puerto Rico. "Superando la adversidad, también se presentan grandes oportunidades para construir un nuevo Puerto Rico", declaró. El primer paso sería la privatización inmediata de la Autoridad de Energía Eléctrica de Puerto Rico, conocida como la AEE, que es uno de los proveedores públicos de energía más grandes de Estados Unidos y que, a pesar de sus millones de dólares en deudas, también es la que más ingresos capta.

"Se venderán activos de la AEE a empresas que transformarán el sistema de generación en uno moderno, eficiente y menos costoso para el pueblo", dijo Rosselló.

Esto resultó ser el primer disparo de una ametralladora cargada de anuncios como este. Dos días después, el astuto, carismático ante las cámaras y joven gobernador develó su tan esperado "plan fiscal" que incluía cerrar más de 300 escuelas y acabar con más de dos terceras partes de las entidades de la rama ejecutiva de la Isla, reduciéndolas así de 115 a solo 35. Tal y como Kate Aronoff lo reportó para *The Intercept*, esto "conllevaría la deconstrucción del estado administrativo de la Isla" (razón por la cual no debe ser ninguna sorpresa que Rosselló tenga tantos admiradores en el Washington de Trump).

Una semana después, el gobernador volvió a salir en la televisión y reveló un plan para dejar el paso libre para que en el sistema de educación se instauren escuelas privadas *chárter* y se otorguen vales educativos privados, dos medidas que el magisterio y los padres de Puerto Rico han resistido exitosamente varias veces en el pasado.

Este es un fenómeno al que he llamado "la doctrina del *shock*" y se está desplegando en Puerto Rico de una manera más cruda que aquella que se vio cuando desmantelaron el sistema público de enseñanza y las viviendas de bajo costo de Nueva Orleans justo después del paso del huracán Katrina y mientras la ciudad todavía estaba mayormente vacía de habitantes. La secretaria de Educación de

Puerto Rico, la exconsultora administrativa Julia Keleher, no tiene reparos en decir de dónde saca su inspiración: un mes después de María tuiteó que Nueva Orleans debería ser un "punto de referencia" y que "no deberíamos subestimar los daños ni la oportunidad de crear nuevas y mejores escuelas".

Un eje central de la estrategia de la doctrina del *shock* es la velocidad: impulsar una oleada de cambios radicales de una manera tan veloz que es casi imposible seguirle el paso. Así que, por ejemplo, mientras que mucha de la exigua atención mediática se enfoca en los planes de privatización de Rosselló, un ataque igualmente significativo sobre las regulaciones y la fiscalización independiente — que está descrito en su plan fiscal— ha pasado casi desapercibido.

A este proceso le falta mucho por culminar. Se habla mucho de más privatizaciones que vienen en camino: carreteras, puentes, puertos, lanchas, sistemas de acueductos, parques nacionales y otras áreas de conservación ambiental. Manuel Laboy, el secretario de Desarrollo Económico y Comercio de Puerto Rico, le dijo a *The Intercept* que le electricidad es solo el comienzo. "Sí esperamos que sucedan cosas parecidas en otros sectores de la infraestructura. Podría ser mediante la privatización total o podría ser un verdadero modelo de APP (alianzas público-privadas)".

A pesar de la naturaleza radical de estos planes, la respuesta por parte de la sociedad puertorriqueña se ha enmudecido un poco. Ninguna protesta masiva recibió a la primera ola de anuncios trepidantes de Rosselló. No hubo ninguna huelga como respuesta a sus planes de contraer el estado radicalmente y de recortar las pensiones. No hubo ninguna revuelta contra los *puertopians* que están abarrotando la Isla para construir su estado liberal libertario de ensueño.

Sin embargo, Puerto Rico tiene una historia rica de resistencia popular y de uniones laborales muy radicales. Así que, ¿qué está sucediendo? Lo primero que hay que entender es que los puertorriqueños no experimentan una dosis extrema de la doctrina del *shock*, sino dos o incluso tres, y todas superpuestas una encima de la otra en un híbrido nuevo y aterrorizante de la estrategia, lo que hace que la resistencia sea particularmente difícil.

Muchos puertorriqueños me comentaron que el capítulo más reciente de esta historia en realidad comienza en el 2006, cuando se permitió que expiraran las exenciones contributivas que se usaron para atraer a los manufactureros estadounidenses a la Isla, lo que dio pie a una ola devastadora de fuga de capital. Esto fue un *shock* tan profundo a la economía de la Isla que, en mayo de 2006, gran parte del gobierno cerró temporeramente, incluso las escuelas públicas. Este fue el primer golpe. El segundo llegó cuando el sistema financiero mundial colapsó menos de dos años después y profundizó dramáticamente una crisis que ya estaba bastante encaminada.

Sin dinero y desesperado, el gobierno de Puerto Rico recurrió a pedir préstamos, en parte gracias a su estatus contributivo especial para emitir bonos municipales que estaban exentos de impuestos locales, estatales y federales. También compró bonos de apreciación capital de alto riesgo, que eventualmente acumularán tasas de interés de entre 785 a 1.000 por ciento. La deuda de la Isla explotó, en gran parte gracias a este tipo de instrumento finan-

ciero depredador y de préstamos que se asumieron
bajo condiciones que muchos expertos aseguran
que eran ilegales de acuerdo con la Constitución
de Puerto Rico. De acuerdo con la información
recopilada por el licenciado Armando Pintado,
los pagos al servicio de la deuda, que incluyen los
intereses y los otros recaudos que se le pagan a la
industria bancaria, aumentaron cinco veces entre
2001 y 2014, con un pico particularmente notable
en el 2008. Esto fue otro *shock* más a la economía
de la isla.

Y así, como parte de una historia demasiado
conocida, se abusó de una atmósfera de crisis para
forzarle una austeridad severa a un pueblo desesperado. En 2009, el entonces gobernador de Puerto
Rico aprobó una ley que declaró un "estado de
emergencia" y lo usó para despedir a más de 17.000
empleados del sector público a los que les arrebató
los beneficios negociados, así como los aumentos
salariales a muchos más. Todo esto ocurrió en un
momento en el que el desempleo ya rondaba el 15
por ciento. Como ha sido el caso en todas partes
(estas políticas las han impuesto recientemente

desde el Reino Unido hasta Grecia), la Isla no volvió a crecer ni a estar económicamente saludable. La lanzó al abismo de la falta de empleos, la recesión y la bancarrota.

Fue en el contexto del 2016 que el Congreso tomó la decisión drástica de aprobar la ley PROMESA, que sometió las finanzas de Puerto Rico al control de una recién creada Junta de Control Fiscal, una entidad de siete personas nombradas por el presidente de los Estados Unidos. Seis de estas aparentemente no viven en la Isla. A este cuerpo, que esencialmente tiene la tarea de supervisar la liquidación de los activos de Puerto Rico para maximizar el repago de la deuda, así como de aprobar todas las decisiones económicas más significativas, se le conoce en Puerto Rico simplemente como "la Junta". Para muchas personas, el nombre es alusivo al hecho de que la Junta representa un tipo de golpe de estado financiero: los puertorriqueños —que no tienen el derecho a votar por el presidente o por el Congreso, pero que están obligados a vivir bajo las leyes de los Estados Unidos— ya carecían de los derechos democráticos básicos. Al otorgarle a la Junta de Control Fiscal el poder de rechazar las decisiones tomadas por los representantes locales electos por Puerto Rico, ahora los ciudadanos están perdiendo los pequeños derechos que habían ganado, marcando así una vuelta a un régimen colonial desenmascarado.

Como era de esperarse, la Junta de Control Fiscal de inmediato le impuso a Puerto Rico una dieta de austeridad aún más tortuosa. Esta requería cortes profundos a las pensiones y a los servicios públicos, incluidos los servicios de salud, así como una larga lista de privatizaciones. En este periodo, el sistema escolar recibió un embate particularmente intenso. Entre 2010 y 2017 unas 340 escuelas públicas cerraron, prácticamente se eliminaron los programas de artes y de educación física en muchas escuelas elementales y la Junta anunció que tenía planes de rajar el presupuesto de la Universidad de Puerto Rico por la mitad.

Yarimar Bonilla, una catedrática auxiliar de la Universidad de Rutgers que estaba llevando a cabo un proyecto de investigación importante sobre la crisis de la deuda en Puerto Rico antes de que llegara María, me comentó que no hay manera de comprender la estrategia de la doctrina del *shock* pos María sin reconocer que los puertorriqueños "ya estaban en un estado de *shock* y aquí ya se estaban aplicando políticas económicas severas. El gobierno ya se había menoscabado y las expectativas que el pueblo tenía en cuanto al gobierno también se habían menoscabado bastante". Para principios de 2017, subrayó, había partes de San Juan que parecían como si, precisamente, les hubiera pasado por encima un huracán: había ventanas rotas y edificios clausurados. Pero no fueron los vientos fuertes los que lo causaron, sino la deuda y la austeridad.

Quizás la parte más relevante de esta historia, sin embargo, sea que para el 2017 los puertorriqueños resistían esta estrategia de la doctrina del *shock* con organización y militancia. Hubo resistencia en las etapas tempranas e incluso un paro general en el 2009. Pero en los meses antes de que el huracán María impactara a Puerto Rico, la Isla vivió uno de los momentos históricos más fuertes y unidos de la oposición.

Un movimiento popular, que exigía una auditoría independiente de la deuda, estaba ganando

terreno rápidamente, motivado por la convicción
de que, si se examinaban cuidadosamente las causas de la deuda, se determinaría que tanto como un
60 por ciento de los $70 mil millones que Puerto
Rico supuestamente debe se acumuló violando la
Constitución de la Isla y que, por lo tanto, es ilegal.
Y, añadían, si una parte significativa de la deuda es
ilegal, no solo debería borrarse, sino que se debería
desmantelar la Junta de Control Fiscal y la deuda
no podría usarse más como un garrote para asfixiar
con austeridad y debilitar aún más la democracia.
De acuerdo con Eva Prados, portavoz del Frente
Ciudadano por la Auditoría de la Deuda, el año
antes del huracán María, 150.000 puertorriqueños
añadieron sus nombres a una petición para auditar
la deuda y miles de personas participaron en vigilias
que reclamaban "luz y verdad".

Luego, en la primavera pasada, hubo una pau-
latina revuelta contra la austeridad. El estudiantado
de los 11 recintos de la Universidad de Puerto Rico
organizó una huelga histórica, que duró más de dos
meses, para protestar por los planes de aumentar los
costos de matrícula y de recortar el presupuesto de

su *alma máter*, así como para denunciar la agenda general de austeridad. Un grupo de profesores radicó una importante demanda contra la Junta de Control Fiscal, en la que alegaban que los recortes profundos a la universidad eran un ataque ilegal a un servicio esencial. Luego, el Primero de Mayo de 2017, muchos de los movimientos obreros y sociales de Puerto Rico convergieron en un grito de furia: unas 100.000 personas tomaron las calles para exigir un fin a la austeridad y la auditoría de la deuda, en lo que se estima que fue la segunda protesta más grande de la historia de la Isla.

Estaba claro que el movimiento preocupaba a las autoridades. Después de que se vandalizaran varios bancos, el Estado comenzó una campaña intensa de mano dura contra las organizaciones clave involucradas en la movilización antiausteridad del 1 de mayo. Las amenazaron con demandas costosas y encarcelaron a varios activistas.

En este ambiente de una resistencia fervorosa y en el que muchos pedían la renuncia de Rosselló, parecía que se aplazaban varios de los planes más draconianos. Los recortes a la universidad estaban en la cuerda floja, así como algunas de las privatizaciones de mayor valor. Mientras tanto, se le obligó a la secretaria de Educación a reducir el número de escuelas públicas que estaban pautadas para cerrar. No se ganaron todas las batallas, pero estaba claro que no habría una transformación total al estilo de la doctrina del *shock* en Puerto Rico sin que hubiera una respuesta de lucha.

Entonces, llegó María. Y con ella, esas mismas políticas que se habían rechazado volvieron rugiendo con una ferocidad de categoría 5.

DESESPERANZA, DISTRACCIÓN, DESESPERACIÓN Y DESAPARICIÓN

Todavía está por verse si este intento más reciente de aplicar la doctrina del *shock* tras *shock* funcionará de verdad. Si es así, no será porque los puertorriqueños están de repente abrumadoramente de acuerdo con estas políticas. Será por el tremendo impacto de la tormenta que ha desbarajustado las vidas de millones de personas y que ha causado que sea un reto hercúleo reconstituir la coalición antiausteridad que existía antes de la tormenta.

Es útil desmenuzar en cuatro categorías el estado extremo de *shock* con el que se está abusando: la desesperanza, la distracción, la desesperación y la desaparición.

Desesperanza porque los esfuerzos de ayuda y de reconstrucción han sido tan lentos, tan ineptos y tan aparentemente corruptos que han causado un sentido entendible sobre muchas personas de que nada podría ser peor que el *statu quo*. Esto es cierto en particular en cuanto a la electricidad. Incluso entre aquellos que ya tienen restablecido el servicio de energía eléctrica hay muchos que están experimentando apagones con regularidad. También están expuestos a amenazas diarias de parte del gobernador, que les dice que la isla completa podría acabar de nuevo en las tinieblas en cualquier momento porque la AEE está tan arruinada que no puede pagar sus cuentas. En algunas partes de la Isla se está racionando el agua por razones similares. Unas circunstancias como estas hacen que la posibilidad de la privatización sea más atractiva.

Con un *statu quo* tan insostenible, cualquier cosa puede parecer una mejoría.

La distracción se relaciona con este hecho: la vida cotidiana en Puerto Rico todavía es una lucha inmensa. Hay que reparar las casas afectadas y hay que navegar por las bizantinas burocracias que acaparan el tiempo de las personas que buscan poder pagar estos arreglos. A aquellas personas que todavía no tienen luz ni agua todavía les esperan las filas interminables para recibir ayuda. Muchos lugares de trabajo todavía están cerrados, por lo que todavía pagar las cuentas es otro obstáculo logístico gigantesco, si es que es posible hacerlo. Cuando se suma todo esto, para muchos puertorriqueños la mecánica de la supervivencia puede ocupar cada hora del día: un estado de distracción que no es muy propicio para el compromiso político.

Para muchos, la carga de la supervivencia ha sido tan onerosa y el futuro parece tan lúgubre, que se ha asentado una desesperación profunda que está, ciertamente, alcanzando proporciones epidémicas. En los meses después del huracán, las llamadas de personas que hacían amenazas creíbles de quitarse la vida desbordaban la línea de 24 horas que atiende emergencias de salud mental. De acuerdo con un informe del gobierno, más de 3.000 personas que llamaban entre noviembre de 2017 y enero de 2018 reportaron haber intentado suicidarse anteriormente, un aumento del 246 por ciento en comparación con el año anterior.

Para Yarimar Bonilla, estas cifras representan no solo los impactos de María, por más devastadores que estos fueran, sino más bien los efectos acumulados de muchos golpes combinados. "Los puertorriqueños ya han pasado por una cantidad inmensa de traumas por su relación colonial con los Estados Unidos", en su mayoría durante la crisis reciente de la deuda. Entonces, vino la tormenta que, literalmente, descubrió la agonía que muchos hogares soportaban en silencio. Cuando entraron las cámaras a asomarse a los hogares que habían perdido sus techos, los puertorriqueños se vieron a sí mismos mirando las vidas de sus compatriotas y no solo presenciaron el daño de la tormenta, sino también la pobreza castigadora, las enfermedades sin tratar y el aislamiento social. Como lo expresó

Bonilla: "Hay una tristeza de verdad aquí, en un lugar al que se le conocía por su alegría".

Hoy, dice, quizás no haya motines en las calles, pero eso no debe confundirse con un consentimiento. La pasividad aparente es, al menos en parte, el resultado de tanto dolor que se dirige hacia dentro.

Estas mismas circunstancias desesperadas han obligado a cientos de millones de puertorriqueños a tomar la decisión desgarradora de simplemente desaparecerse de la Isla. Desvanecen diariamente en aviones que se dirigen a Florida y a Nueva York y a otras partes de los Estados Unidos. Muchos de ellos han tenido la ayuda directa de FEMA, que creó lo que la agencia llamó un "puente aéreo", que aerotransportaba a las personas fuera de la isla y embarcaban a otros en cruceros. Una vez llegaban al continente, se les proveían fondos para que pernoctaran en hoteles (un apoyo que está pautado para expirar el 20 de mayo).

Bonilla dice que este acercamiento fue una decisión política, así como fue una decisión montar en aviones y autobuses a los residentes de Nueva Orleans y llevarlos a estados lejanos después del huracán Katrina sin que en muchas ocasiones se les ofreciera una forma para volver en un proceso que cambió de manera permanente la demografía de la ciudad. "En vez de ayudar a la gente aquí, de proveerle refugios aquí, de traer más generadores de electricidad a los lugares que los necesitan, de arreglar el sistema eléctrico, los exhortan a que se vayan".

Existen varias razones por las que es posible que Washington y la oficina del gobernador favorecieran vehementemente el desalojo. La desaparición de tanta gente en un periodo tan corto de tiempo, explicó Bonilla, "opera como una válvula política de escape, así que ahora mismo no tienes gente protestando en las calles porque muchas de las personas que están bien desesperadas por atención médica o tienen necesidades reales que impiden que vivan sin electricidad simplemente se fueron".

Este éxodo también sienta las pautas para ese "lienzo en blanco" del cual el gobernador se ha vanagloriado frente a los inversionistas. Elizabeth Yeampierre ayudó a darles la bienvenida y el apoyo necesario a muchos de sus compatriotas puertorriqueños cuando arribaron a los Estados Unidos. Sin embargo, cuando hablé con ella en la Isla, dijo que su "mayor temor" es que el desalojo sea un preludio a que se acaparen masivamente las tierras. "Lo que quieren son nuestras tierras y sencillamente no quieren que nuestra gente esté en ellas".

Muchos puertorriqueños con los que conversé también están convencidos de que hay más que incompetencia detrás de las varias maneras en las que los están empujando a los límites de lo que pueden soportar.

Como se ha reportado desde que la tormenta tocó tierra, los esfuerzos de auxilio y de reconstrucción han sido una procesión incesante de decisiones increíblemente desastrosas. Un contrato clave para suplir 30 millones de comidas se le otorgó a una compañía de la ciudad de Atlanta que tenía un historial de fracasos y un equipo de trabajo de solo una persona (únicamente se llegaron a repartir 50.000 comidas antes de que se cancelara). Los abastos que se necesitaban desesperadamente yacieron almacenados por semanas en San Juan y Florida, en donde algunos se infestaron de ratas. Algunos materiales esenciales para reconstruir la red eléctrica también estaban guardados en almacenes por razones desconocidas. Whitefish Energy, una compañía operada desde Montana que tiene vínculos con el secretario del Interior, Ryan Zinke, solo tenía dos empleados a tiempo completo en la plantilla cuando consiguió el contrato de $300 millones para ayudar a reconstruir la red eléctrica (el contrato ya se canceló).

Había medidas de sentido común que simplemente se ignoraron. Como afirmaron muchos, la administración de Trump pudo haber enviado rápidamente al USNS Comfort, un gigantesco hospital flotante, para subsanar el taponamiento en las insuficientes instalaciones hospitalarias. Por el contrario, el barco llegó tarde, estuvo atracado casi sin visitas por semanas y después se le ordenó retirarse en noviembre, cuando todavía la mitad de la Isla no tenía servicio eléctrico. Asimismo, en vez de depender de contratistas de pacotilla como Whitefish, o de una compañía como Fluor, a la que se le conoce por lucrarse de los desastres, la AEE pudo haber pedido que otras compañías estatales de energía eléctrica enviaran trabajadores a Puerto Rico para ayudar con la reconstrucción, ejerciendo así un derecho que tiene como miembro de la Asociación Americana de Energía Pública. Pero esperó más de un mes antes de someter la solicitud.

Cada una de estas decisiones, incluso cuando eventualmente se revirtieron, atrasaron incluso más los esfuerzos de recuperación. ¿Es todo esto una conspiración maestra para asegurarse de que los puertorriqueños estén demasiado desesperanzados, distraídos y desesperados para resistir la medicina económica amarga de Wall Street? No creo que sea algo tan coordinado. Mucho de esto es sencillamente lo que sucede cuando por décadas se desangra el ámbito público, se despiden trabajadores competentes y se descuida el mantenimiento básico. Sin lugar a dudas, la corrupción y el amiguismo de todos los días también entran en juego.

Sin embargo, también es cierto que muchos gobiernos han implementado una estrategia de "privar de comer para luego vender" cuando de servicios públicos se trata: hacer cortes hasta el tuétano en salud, transportación y educación hasta el punto en que las personas están tan desilusionadas y desesperadas que están dispuestas a intentar lo que sea, incluso vender todos esos servicios. Si Rosselló y la administración de Trump han dado la impresión de estar notablemente despreocupados por los errores incesantes en las ayudas y la reconstrucción, puede ser porque esta actitud pueda estar formada en parte por un entendimiento de que, a medida que las cosas se pongan peores, más fuerte será el argumento a favor de la privatización.

Mónica Flores, la estudiante graduada de la Universidad de Puerto Rico que está investigando la energía renovable, dijo que toda esta experiencia ha sido como observar un choque de trenes en cámara lenta. Como tantos otros, Flores dijo que parecía imposible enfrentarse a estos problemas sistémicos cuando has perdido tu casa, cuando estás viviendo en tu carro, cuando estás yendo a casa de tus amistades a darte un baño: "Estás tratando de no desmoronarte... y las personas están inmóviles porque están asustadas, porque están perdidas, porque están simplemente intentando sobrevivir".

Muchos puertorriqueños señalan que las promesas de precios más bajos y de mayor eficiencia que vendrán con la privatización de los servicios básicos están contradichas por sus propias experiencias. Las compañías telefónicas privadas han provisto un servicio deficiente en muchas partes del archipiélago y la venta en la década de los 90 del sistema de acueductos y alcantarillados resultó ser tan desastrosa en términos económicos y ambientales, que tuvo que revertirse en menos de una década. Muchas personas temen que esta experiencia se repita; que si se privatiza la AEE, el gobierno de Puerto Rico perderá una fuente importante de recaudos a la vez que se les embauca con la deuda multimillonaria de la corporación pública. También temen que las tarifas de la electricidad permanezcan altas y que las regiones pobres y remotas donde viven personas que tienen menos capacidad para pagar pudieran perder el acceso total a la red.

Aun así, el discurso del gobernador ha convencido a algunos porque la privatización no se presenta como una de las soluciones a esta funesta crisis humanitaria, sino como la única posible. Tal y como intentan demostrar Casa Pueblo y Coquí Solar, nada más lejos de la verdad. Existen otros modelos —implementados exitosamente en países como Dinamarca y Alemania— que podrían mejorar significativamente la dañada y mugrienta corporación pública de Puerto Rico mientras se preservan el poder y las riquezas en las manos de los puertorriqueños. Pero impulsar dichos modelos democráticos requiere de la participación política de una población que en estos momentos tiene muchas otras cosas sobre el tapete.

Hay razón para tener esperanzas, no obstante, de que una resistencia al *shock* pos María esté comenzando a echar raíces. Mercedes Martínez, la líder indomable de la Federación de Maestros de Puerto Rico, ha pasado los meses después del huracán recorriendo la Isla para advertirles a los padres y a los educadores que el plan de reducir de manera extrema y de privatizar el sistema de educación está contando con su cansancio y trauma.

Mientras visitaba una escuela que todavía estaba cerrada en Humacao, un pueblo de la región este, le comentó a un maestro del lugar que el gobierno "sabe que estamos hechos de carne y hueso, saben que los seres humanos se desgastan y se desaniman". Si las personas entienden que esto es una estrategia, insistió, pueden derrotarla.

"Nuestro trabajo es motivar a la gente para que sepan que es posible resistir a las cosas siempre y cuando creamos en nosotros mismos". Esto era más que una charla motivacional: durante los meses después de María, la secretaria de educación intentó impedir que decenas de escuelas reabrieran, alegando que estas no eran seguras. Los maestros temían que esto fuera un preludio a cerrar las escuelas para siempre.

Una y otra vez, tanto padres como maestros —que, en muchas ocasiones, habían reparado los edificios ellos mismos— lograron proteger exitosamente las escuelas de sus comunidades. "Ocuparon las escuelas, las reabrieron sin permiso... Los padres bloquearon las calles", recordó Martínez. El resultado fue que se reabrieron más de 25 escuelas que el gobierno había tratado de cerrar definitivamente después de la tormenta.

Por esto es por lo que está convencida de que no importa qué esté escrito en el plan fiscal del gobernador y no importa qué leyes privatizadoras se hayan presentado, todavía hay la posibilidad de que los puertorriqueños puedan resistir exitosamente la doctrina del *shock*, especialmente si las coaliciones que existían antes de la tormenta se reconstruyen y crecen.

El 24 de marzo, los maestros de Puerto Rico celebraron su primera demostración importante desde María en una gran marcha que protestó contra los planes de reducir y privatizar el sistema escolar de Puerto Rico. Esto coincidió con las marchas por todos los Estados Unidos contra la violencia relacionada con el uso de armas, lo que no es casualidad, explicó Martínez, ya que ambas tratan de proteger el futuro de las personas jóvenes. Y, dice, una huelga puede que no esté muy lejos.

Le pregunté a Martínez si sus miembros sentían miedo de ejecutar alguna acción que pudiera alterar las vidas de las familias que ya han pasado por tanto. Fue categórica: "De ninguna manera. Lo que nosotros pensamos es: ¿cómo el gobierno puede añadir más dolor a las vidas de los niños con el cierre de las escuelas, con el despido de sus maestros, y después instaurar un sistema privatizado que favorece a aquellos que ya lo tienen todo?"

LA CONVERGENCIA DE LAS ISLAS DE LA SOBERANÍA

En mi último día en Puerto Rico, subimos a otra montaña y atravesamos otro portal más. Esta vez viajaba con Sofía Gallisá Muriente, una artista puertorriqueña que conocí anteriormente en la península de Rockaway luego de la supertormenta Sandy, en donde ella había formado parte de los esfuerzos comunitarios de auxilio conocidos como *Occupy Sandy*.

En busca del centro comunitario del barrio Mariana remontamos peligrosas carreteras estrechas de la costa este de la Isla y en el ínterin tomamos varias salidas equivocadas, ya que todavía muchos rótulos estaban tirados en el suelo. Finalmente, le preguntamos a un hombre a orillas de la carretera por direcciones. "¿Ustedes hablan del Festival de la Pana? Es justo allá arriba".

Llegamos a un descampado en el que había cientos de personas de todas partes del archipiélago sentadas en sillas plegables bajo una gran carpa blanca. Desde allí arriba, y mirando desde el valle al mar, podíamos ver con precisión por dónde María tocó tierra primero.

Como sugirió el malentendido al lado de la carretera, en efecto este era el lugar donde se celebra anualmente el Festival de la Pana, una fruta grande y almidonada, cuyo festejo atrae a multitudes a disfrutar de manjares y música en este barrio del municipio de Humacao. Pero después de que la zona no tuviera ayuda alimentaria por 10 días, y que luego de ese periodo solo recibiera cajas llenas de Skittles, las instalaciones de cocina del festival se emplearon para otro uso: las mujeres que habitualmente cocinan para la fiesta de pueblo se unieron, recolectaron cualquier comida que pudieron conseguir y diariamente prepararon alimentos para cerca de 400 personas. Día tras día. Semana tras semana. Mes tras mes. Todavía lo están haciendo.

Rebautizado con el nombre de Proyecto de Apoyo Mutuo de Mariana, el centro se convirtió en un símbolo de los milagros que los puertorriqueños han estado logrando silenciosamente mientras que el gobierno no hace más que fallarles. Además de la cocina comunal, que reunió a la comunidad en torno a los alimentos, el proyecto comenzó a organizar brigadas para salir a limpiar escombros. Después, establecieron una programación infantil, ya que las escuelas todavía estaban cerradas.

Christine Nieves, una pensadora audaz que dejó un puesto en la escuela empresarial de la Universidad Estatal de Florida para mudarse a Puerto Rico un año antes de la tormenta, es una de las fuerzas que impulsa este proyecto. Junto con su compañero, el músico Luis Rodríguez Sánchez, se valió de sus contactos fuera de la isla para transformar el centro en un lugar de encuentro con paneles solares, baterías de respaldo, una red de wifi, filtros de agua y cisternas de agua de lluvia.

Debido a que Mariana todavía no tiene luz ni agua, el Centro de Apoyo Mutuo que está en la cima de la montaña se convirtió en otro oasis energético, debido a que es el único lugar para recargar aparatos electrónicos y equipo médico. La próxima etapa del proyecto, me comentó Nieves, es extender la energía solar a otras estructuras de la comunidad para conformar una microrred.

El reto más grande, añadió, ha sido ayudar a que la gente vea que no necesita esperar por otros para resolver los problemas y que todo el mundo tiene algo con lo que puede contribuir en el momento. Quizás no tengan comida ni agua, continuó, pero la gente sabe cómo hacer cosas. "¿Sabes de electricidad? Pues, de hecho, tenemos un problema con el que nos puedes ayudar. ¿Sabes de plomería?" Esta es también una destreza que pueden aplicar.

Este proceso de descubrir el potencial subyacente en la comunidad ha sido como "abrir los ojos y de repente ver que 'Espera, somos humanos y hay otras maneras de relacionarnos ahora que el sistema no está funcionando'".

Vine aquí para ver este proyecto asombroso, pero también porque ese día el Proyecto de Apoyo Mutuo de Mariana era el anfitrión de varios cientos de organizadores y académicos de todo Puerto Rico, así como de un par de decenas de visitantes de Estados Unidos y Centroamérica. La reunión la convocó PAReS, un colectivo de miembros de la facultad de la Universidad de Puerto Rico que está involucrado en la lucha contra las medidas de austeridad, y la promocionaron como un encuentro de organizaciones y movimientos "contra el capitalismo del desastre y por otros mundos".

Esta era la primera vez que los movimientos de un espectro tan diverso se reunían desde que María lo cambió todo. Muchos notaron que era la primera oportunidad que habían tenido en meses de tomar un respiro, hacer un inventario y establecer una estrategia. "Organizamos el encuentro en este momento pos María para poder vernos entre nosotros, hablar y ver si podemos unirnos en esta encrucijada para crear un futuro diferente", me dijo Mariolga Reyes Cruz, una integrante del colectivo PAReS y miembro de la facultad del Recinto de Río Piedras.

Las personas que se reunieron aquí son parte de todos los mundos paralelos que visité durante mi estadía en Puerto Rico, son parte de todas las islas escondidas en estas islas. Vi campesinos de la Organización Boricuá decididos a demostrar que si tienen el apoyo necesario pueden alimentar a su propia gente sin depender de las importaciones; a los guerreros solares de Casa Pueblo y Coquí Solar, que han aprovechado el momento para impulsar una transición rápida a la energía renovable controlada por los locales; a los maestros que han organizado a sus comunidades para mantener las escuelas abiertas. Y también a miembros cansados y enlodados de las brigadas solidarias que vinieron a ayudar a reconstruir.

Los líderes principales de la oleada del año pasado de activismo contra la austeridad también estaban aquí: los organizadores de la huelga de estudiantes, los abogados y los economistas que reclamaban una auditoría de la deuda de Puerto Rico, los líderes de las uniones obreras y los académicos que hace tiempo que investigan alternativas para la economía de Puerto Rico.

Después de unas breves palabras de bienvenida, los organizadores asignaron algunos temas de discusión antes de dividir a todos los asistentes en grupos más pequeños en la cumbre de la montaña. Ciertas pequeñas pistas de las conversaciones se colaban entre el bullicio de los grupos de trabajo: "Necesitamos reinvención, no reconstrucción"... "No podemos defender lo público como si fuera intrínsecamente bueno"... "Necesitamos una moratoria de cualquier intento de darle una vía rápida a las escuelas privadas"... "Una recuperación justa significa no solo responder al desastre, sino a las *causas* subyacentes al desastre".

Analizando el panorama, Christine Nieves me dijo que se sentía como "un sueño realizado que ni sabíamos que teníamos". Añadió: "Creo que voy a recordar este momento" en el que una diversidad tan grande de grupos, muchos de los cuales no se conocían antes de la tormenta, se juntó "en este hermoso espacio abierto para preguntarnos cómo creamos una alternativa y cómo construimos hacia esa alternativa". Entonces, se dieron cuenta de que este era el momento en el que las cosas pasaron de la desesperación a la posibilidad.

Mientras las fracciones se reagrupaban para compartir sus hallazgos era posible detectar una síntesis emergente o, al menos, un mejor entendimiento sobre cómo los varios frentes en los que los puertorriqueños están luchando forman parte de un cuadro más grande. Se debe auditar la deuda porque cuando se cuestiona su legalidad, se fortalece el argumento para abolir la antidemocrática Junta de Control Fiscal y todo el sinfín de sus exigencias de "reformas estructurales". Eso es crucial porque los puertorriqueños no pueden ejercer su soberanía si están sujetos a los antojos de una entidad sobre la que no tuvieron ninguna participación a la hora de elegirla.

Por varias generaciones la lucha por la soberanía nacional ha definido la política en Puerto Rico. ¿Quiénes favorecen que se independice de Washington? ¿Quiénes quieren convertirlo en el estado 51, con todos los derechos democráticos? ¿Quiénes defienden el *statu quo*? Por esto, es significativo que mientras se desarrollaban las discusiones en Mariana surgiera una definición más amplia de libertad. Escuché conversaciones sobre "múltiples soberanías": soberanía alimenticia, liberada de la dependencia de las importaciones y de los colosos de la industria agrícola; así como de la soberanía energética, liberada de los combustibles fósiles y bajo el control de las comunidades. Y, quizás, soberanía de la vivienda, del agua y de la educación también.

Lo que también parecía estar creciendo era la noción de que este modelo descentralizado es incluso más importante en el contexto del cambio climático, en el que las islas como estas van a recibir el zarandeo de muchos más eventos extremos que son capaces de acabar con los sistemas centralizados de todo tipo: desde las redes de comunicación y electricidad hasta las cadenas de distribución agrícola.

El día terminó con una cena entre todos que se preparó en la cocina comunitaria: arroz con habichuelas, malanga majada, bacalao guisado y un ron caña curado con todas las frutas de la huerta isleña. Después hubo música de trova en vivo y bailes más allá del atardecer. Mientras los voluntarios ayudaban a limpiar la cocina, un vecino envejeciente llegó para enchufar sigilosamente su máquina de oxígeno y conversar con algunos amigos.

Observar cómo esta gran reunión se transformó orgánicamente en una fiesta me recordó la observación de Yarimar Bonilla de que, dentro de la epidemia de desesperación de Puerto Rico, "las personas que parece que están mejor son aquellas que están ayudando a otras, es decir, aquellas que están involucradas en iniciativas comunitarias". Ciertamente, este era el caso aquí. También es cierto en el caso de aquella gente joven que conocí en Orocovis, cuyos pechos se hinchaban de orgullo por cómo habían podido llevar comida a sus familias.

Tiene sentido que ayudar tenga este efecto sanador. Pasar por un profundo trauma como María es conocer una de las formas más extremas del sentido de impotencia. Por lo que pareció ser una eternidad, las familias no tuvieron la capacidad de comunicarse entre sí para saber si sus seres queridos estaban vivos o muertos. Había padres que no tenían la capacidad de proteger a sus hijos del peligro. Es lógico que la mejor cura para el sentimiento de impotencia sea ayudar, ser un participante, más que un espectador, de la recuperación de tu casa, de tu comunidad y de tu tierra.

Es por esto por lo que la doctrina del *shock* como estrategia política es mucho más que solo cínica y oportunista: "es cruel", como me dijo entre lágrimas Mónica Flores. Cuando se obliga a las personas a ser testigos de cómo se les arrebatan sus recursos compartidos para venderlos, cuando les es imposible detenerlo porque están muy ocupados intentando sobrevivir, los capitalistas del desastre que han invadido a Puerto Rico están reforzando la parte más traumatizante del desastre al que vienen a explotar: el sentido de impotencia.

UNA CARRERA CONTRA EL RELOJ

Más temprano ese día, uno de los ponentes había descrito el reto al que se enfrentaban como una carrera entre "la velocidad de los movimientos y la velocidad del capital".

El capital es veloz. Sin tener el impedimento de las normas democráticas, el gobernador y la Junta de Control Fiscal pueden ingeniarse el plan para reducir radicalmente y subastar el territorio en unas pocas semanas e incluso más rápido, porque sus planes ya estaban desarrollados completamente durante la crisis fiscal. Lo único que tuvieron que hacer fue desempolvarlos y volverlos a empaquetar como ayudas después del huracán para entonces dar la orden de manera oficial. Los gestores de fondos de cobertura y los criptocorredores también pueden decidir reubicarse y construir su *"Puertopia"* en un abrir y cerrar de ojos sin consultarle a más nadie que no sea a sus contables y abogados.

Por esto es por lo que la versión *Paradise Performs* de Puerto Rico se mueve a una velocidad tan rápida. Para dar un ejemplo, entrevisté a Keith St.

Clair, un británico de verbo veloz que se mudó a la isla para aprovechar las exenciones contributivas y que empezó a invertir en la industria hotelera. Este me dijo que se había reunido con el gobernador poco después de María. "Y le dije: 'voy a redoblar, voy a triplicar, voy a cuadruplicar la apuesta porque creo en Puerto Rico". Mientras observaba la playa prácticamente vacía de Isla Verde frente a uno de sus hoteles en San Juan ("una propiedad exenta del 90 por ciento de las contribuciones"), predijo: "Esto podría ser Miami, South Beach... Eso es lo que estamos tratando de crear".

Los grupos de base aquí en Mariana no están para nada convencidos de que convertirse en una comunidad dormitorio en la que aterricen los plutócratas evasores contributivos represente ningún tipo de estrategia seria de desarrollo económico. Temen que esta nueva fiebre del oro después del desastre va a continuar de manera descontrolada y que va a obstaculizar las versiones tan diferentes de lo que es el paraíso que ellos se atreven a imaginar para su isla.

Las tierras escasean en Puerto Rico, especialmente aquellas de alto valor agrícola. Si todo esto se compra a precios de liquidación para construir más edificios de oficinas, hoteles, campos de golf y mansiones, solo quedarán algunas migajas para las fincas sustentables y los proyectos de energía renovable. Y si el gasto de infraestructura se derrocha en carreteras con peajes, lanchas lujosas de transporte y aeropuertos, no habrá nada después para la transportación pública ni para un sistema alimenticio local. Además, si se le da el visto bueno a la privatización de la electricidad, el modelo de microrredes solares y eólicas podría ser prohibitivamente costoso para que las comunidades decidan instaurarlo. Después de todo, las corporaciones de servicios públicos desde Nevada hasta Florida han presionado de manera exitosa a sus gobiernos estatales para que les pongan obstáculos a las fuentes renovables de energía, dado que un mercado en el que los clientes son tus competidores —porque pueden generar su propia energía y revenderla a la red— es un negocio mucho menos rentable. El plan fiscal de Rosselló ya vislumbra la idea de un impuesto nuevo que penalizaría a aquellas comunidades que decidan instalar sus propias microrredes de energía renovable.

Todas estas son alternativas catastróficas. Manuel Laboy, el secretario de Desarrollo Económico de Puerto Rico, dijo que las decisiones que se tomen en esta ventana "básicamente van a establecer los principios y las condiciones para los próximos 50 años".

El problema es que los movimientos, contrario al capital, tienden a moverse despacio. Esto es especialmente cierto en cuanto a los movimientos cuya existencia se centra en profundizar la democracia y en permitir que las personas de a pie definan sus propias metas para tomar las riendas de la historia.

Es algo muy positivo, por lo tanto, que los puertorriqueños no comienzan a construir este movimiento por la autodeterminación desde cero. De hecho, llevan generaciones preparándose para este momento, desde el punto más álgido de la lucha por la independencia, hasta la batalla exitosa por sacar de Vieques a la Marina de Guerra de los Estados Unidos, a la coalición contra la austeridad y la deuda que alcanzó su pico en los meses antes de María.

Los puertorriqueños también han estado construyendo su mundo en miniatura en esas islas de soberanía que están escondidas por toda la Isla. Ahora, en Mariana, estas islas se encontraron entre ellas y formaron su propio archipiélago político paralelo.

Elizabeth Yeampierre, que participó de la cumbre en Mariana, cree que a pesar de toda la devastación que visitamos en Puerto Rico, su gente tiene la fortaleza necesaria para las batallas que se aproximan. "Veo un nivel de resistencia y de apoyo que no creía que iba a ser posible", dijo. "Y eso me recuerda que estos son los descendientes de la colonización y de la esclavitud, y que son fuertes".

Unas semanas después de que me fuera de la Isla, los 60 grupos representados en Mariana se consolidaron en un bloque político al que llamaron JunteGente y han sostenido reuniones por todo el archipiélago. Con la inspiración de diferentes modelos de alrededor del mundo, comenzaron a redactar una plataforma para el pueblo, una que unirá a las diferentes causas en una visión común para un Puerto Rico transformado radicalmente. Este está fundamentado en una insistencia imperturbable de que, a pesar de los cientos de años de ataques contra su soberanía, la gente en Puerto Rico es la única que tiene el derecho de idear su futuro colectivo.

Y así, seis meses después de que María revelara tanto que no sabíamos y algunas pocas cosas que sí, los puertorriqueños se encuentran enfrascados en una batalla de utopías. Los *puertopians* sueñan con alejarse radicalmente de la sociedad para retirarse a sus enclaves privados. Los grupos que se encontraron en Mariana sueñan con una sociedad con unas obligaciones y compromisos mucho más profundos entre ellos, con las comunidades en sí y con los sistemas naturales cuya salud es un prerrequisito para cualquier tipo de futuro seguro. De una forma muy palpable esta es una batalla entre la soberanía para muchos frente a la secesión para unos pocos.

Por ahora, estas versiones diametralmente opuestas de la utopía están avanzando en sus propios mundos y a sus propios pasos: una, montada sobre los *shocks* y otra, a pesar de estos. No obstante, ambas están ganando poder de manera veloz y, con tanto en juego en los meses y años venideros, el choque es inevitable.

AGRADECIMIENTOS

El equipo de *The Intercept*: Betsy Reed, Roger Hodge (editor del texto fuente), Charlotte Greensit, Sharon Riley (investigadora), Lauren Feeney, Andrea Jones, Philipp Hubert.

El equipo de Haymarket: Julie Fain, Brian Baughan, Teresa Córdova Rodríguez (traducción al español), Natalia Fortuño de Jesús (corrección y edición de la traducción), Rachel Cohen (portada y diseño de interiores), Jim Plank y Anthony Arnove, quien hizo posible este proyecto.

Además: Jackie Joiner, Avi Lewis, Angela Adrar, Katia Avilés, Federico Cintrón Moscoso, Gustavo García López, Ana Elisa Pérez, Mariolga Reyes Cruz, Juan Carlos Rivera Ramos, Jesús Vázquez, Elizabeth Yeampierre, Ruth Santiago, Bernat Tort Ortiz, Carmen Yulín Cruz, José La Luz, Sofía Gallisá Muriente, Eva Prados, Cristian Carretero, Eduardo Mariota, Ana Tijoux, The Climate Justice Alliance, UPROSE, Casa Pueblo, Organización Boricuá de Agricultura Ecológica y The Leap.

Mis más sinceros agradecimientos a los intelectuales entregados de PAReS por invitarme a Puerto Rico para ayudar a amplificar estas historias.

The Intercept_

Después de que el alertador de las operaciones de vigilancia masiva por la Agencia Nacional de Seguridad (NSA, por sus siglas en inglés), Edward Snowden, expusiera sus revelaciones en 2013, los periodistas Glenn Greenwald, Laura Poitras y Jeremy Scahill decidieron lanzar una nueva organización dedicada al tipo de reportajes que requerían dicha información: los de un periodismo intrépido y antagónico. La llamaron *The Intercept* (theintercept.com).

Hoy en día, *The Intercept* es una organización de noticias galardonada que cubre temas de seguridad nacional, política, libertades civiles, medio ambiente, asuntos internacionales, tecnología, justicia penal, medios de comunicación y más. Encabezados por la redactora jefa Betsy Reed, los periodistas tienen la libertad editorial para fiscalizar las instituciones poderosas, así como el apoyo que necesitan para llevar a cabo investigaciones que exponen la corrupción y la injusticia.

Los colaboradores habituales incluyen a Mehdi Hasan, Naomi Klein, Shaun King, Sharon Lerner, James Risen, Liliana Segura y a los cofundadores Glenn Greenwald y Jeremy Scahill. El fundador y filántropo de eBay, Pierre Omidyar, proporcionó los fondos para lanzar *The Intercept* y continúa su apoyo mediante First Look Media Works, una organización sin ánimos de lucro.

Haymarket Books es una editorial radical, independiente y sin ánimo de lucro con sede en Chicago. Nuestra misión es publicar libros que contribuyan a las luchas por la justicia social y económica. Nos esforzamos por hacer de nuestros libros una parte vibrante y orgánica de los movimientos sociales y de la educación y el desarrollo de una izquierda crítica, comprometida e internacional.

Tomamos inspiración y coraje de nuestros homónimos, los mártires de Haymarket en Chicago, quienes dieron sus vidas luchando por un mundo mejor. Su lucha de 1886 por la jornada laboral de ocho horas—que nos dio el Día Internacional de los Trabajadores—les recuerda a los trabajadores de todo el mundo que la gente común puede organizarse y luchar por su propia liberación. Estas luchas continúan hoy en día en todo el mundo: luchas contra la opresión, la explotación, la pobreza y la guerra.

Desde nuestra fundación en 2001, Haymarket Books ha publicado más de quinientos títulos. Como editorial radicalmente independiente, buscamos abrir una brecha en el mundo corporativo de la publicación de libros. Nuestros autores incluyen a Noam Chomsky, Arundhati Roy, Rebecca Solnit, Angela Y. Davis, Howard Zinn, Amy Goodman, Wallace Shawn, Mike

Davis, Winona LaDuke, Ilan Pappé, Richard Wolff, Dave Zirin, Keeanga-Yamahtta Taylor, Nick Turse, Dahr Jamail, David Barsamian, Elizabeth Laird, Amira Hass, Mark Steel, Avi Lewis, Naomi Klein y Neil Davidson. También somos la editorial comercial de las aclamadas colecciones Historical Materialism y Dispatch Books.